AF586556

CONCOURS POUR L'AGRÉGATION

(Section de chimie, physique et toxologie)

OUVERT A L'ÉCOLE SUPÉRIEURE DE PHARMACIE DE STRASBOURG

PAR ARRÊTÉ MINISTÉRIEL DU 18 AVRIL 1854.

DE LA PUTRÉFACTION

AU POINT DE VUE

DE LA CHIMIE, DE LA PHYSIQUE, DE LA TOXICOLOGIE.

THÈSE

soutenue devant le Jury institué conformément au Règlement du 6 février 1846 et à l'Arrêté ministériel du 6 novembre 1854,

PAR

E. T. JACQUEMIN,

Pharmacien de 1re classe, bachelier ès sciences, préparateur en chef de l'École de pharmacie de Strasbourg,

Le Mercredi 20 Décembre 1854, à six heures de relevée.

STRASBOURG,

IMPRIMERIE DE MAD. Ve DANNBACH, RUE DU BOUCLIER

1854.

A MON PÈRE & A MA MÈRE

Amour et Reconnaissance.

E. JACQUEMIN.

JUGES DU CONCOURS.

MM. Oppermann, professeur, *Président.*

Kirschleger, professeur		
Loir, id.	}	*Juges titulaires.*
Oberlin, professeur adjoint		
Béchamp, agrégé libre		
Lereboullet, professeur à la Faculté des sciences	}	*Juges adjoints.*
Rameaux, professeur à la Faculté de médecine		

Lelièvre, secrétaire.

CONCURRENTS.

MM. Jacquemin.
Schlagdenhaufen.
Strohl.

DE LA PUTRÉFACTION

AU POINT DE VUE

DE LA PHYSIQUE, DE LA CHIMIE, DE LA TOXICOLOGIE.

INTRODUCTION.

La matière en elle-même est inerte, immobile, passive, mais dès qu'un rayon de vie la pénètre, elle entre en activité et tend à se développer, à s'accroître. En prenant une forme, ses efforts, ses mouvements se portent vers l'aliment dont elle a besoin, elle assimile sans cesse pour soutenir ce qui émane d'elle, elle marche toujours vers la plénitude de son développement. Après cette période d'accroissement, l'être organisé reste quelque temps dans cet état parfait, reproduit des êtres semblables à lui, puis passe à son déclin et meurt.

Pour entretenir la vie, pour produire ces créations si variées, il faut à la nature quatre éléments : le carbone, l'hydrogène, l'azote et l'oxygène, auxquels viennent se joindre quelquefois le soufre, plus rarement le phosphore.

L'expérience nous a appris comment ces corps élémentaires pénètrent dans les plantes auxquelles les animaux empruntent le nécessaire à leur développement. Nous savons que le carbone de ces plantes provient en majeure partie de l'acide carbonique, l'hydrogène de l'eau, l'azote de l'ammoniaque, l'oxygène de l'air ; que sous l'influence de la force vitale ces molécules simples prennent une direction et se groupent en molécules plus complexes, pour constituer les tissus animaux et végétaux. Mais là se bornent nos connaissances, et vouloir aller plus loin, vouloir franchir les limites de l'intelligence humaine, serait folie.

Cette force vitale dont nous ignorons la nature, le commencement, la fin, n'a pas seule le pouvoir d'imprimer un mouvement aux atomes, d'autres forces se le partagent : la force chimique, la chaleur, la force électrique. Pendant toute la durée de l'existence ces forces sont subordonnées à la force vitale, et concourent au même but. Mais dès que la vie a cessé d'animer l'être, les forces antagonistes agissent sans contrôle, et le seul contact de l'air humide suffit pour déterminer un ébranlement dans la matière : l'œuvre de destruction commence et poursuit son cours. Le végétal arraché de la terre, le cadavre d'un animal abandonné sur le sol, subissent la loi commune, les éléments se désagrègent, se transforment, se dispersent, et tout disparaît.

Ces atomes de degrés supérieurs, ces molécules organisées si complexes, se résolvent en molécules plus simples, et, après avoir parcouru une longue série de métamorphoses, se transforment, en dernier lieu, en acide carbonique, en eau, en ammoniaque, en hydrogène sulfuré, c'est-à-dire retournent à leur forme primitive, pour entretenir la vie d'une autre génération.

On donne le nom de *fermentation* à ce phénomène de destruction des corps. Pour que les métamorphoses qui la constituent s'accomplissent, il faut toujours l'intervention de l'air et de l'humidité et certaines conditions de température.

L'expérience si connue de Gay-Lussac fait voir le rôle que joue l'air, et démontre la nécessité de son contact. Il introduisit des grains de raisin sous une éprouvette remplie de mercure, les écrasa à l'aide d'une baguette de verre, et attendit quelques jours. Aucun changement ne se manifesta. Il fit alors passer une bulle d'air, et la fermentation s'établit aussitôt, avec dégagement d'acide carbonique qui occupa une partie du volume de l'éprouvette.

Abandonnez à l'air une grappe de raisin, tant que l'enveloppe protectrice en préserve le jus, nulle altération ne se produit, et les grains se dessèchent peu à peu.

Si l'on coupe un fruit, la surface de section ne tarde pas à brunir sensiblement, c'est un effet du même genre.

L'urine fraîche évaporée donne par l'acide nitrique un abondant précipité de nitrate d'urée; mais après un temps variable d'exposition à l'air, l'urée se transforme en carbonate ammonique, et l'acide nitrique n'agit plus.

L'humidité n'est pas moins essentielle à la production de ces phénomènes, elle est même la mesure de leur durée. Ainsi le bois se conserve indéfiniment dans un air sec, mais il n'en est plus de même lorsqu'il est humide. De la viande bien desséchée ne s'altère plus, et chacun sait que la dessiccation est le mode en usage pour conserver les plantes ou parties de plantes officinales. Les liquides végétaux et animaux, au contraire, se décomposent immédiatement et avec plus de rapidité que les solides, et les solides gorgés de sucs plus promptement que les corps qu'imprègne à peine un peu d'eau.

Il est également reconnu qu'à une basse température, à 0° par exemple, ces sortes d'altérations n'ont pas lieu, et qu'elles sont empêchées de même par une chaleur de 50°. Entre ces deux limites elles se produisent avec une intensité variable, en suivant une progression d'autant plus rapide que la température s'élève davantage.

Ce qu'il y a de remarquable, c'est la différence que l'on rencontre parfois dans les produits de décomposition, suivant le degré de température. Ainsi le suc de betteraves à 15° donne en fermentant de l'alcool et de l'acide carbonique, tandis qu'entre 30 et 40°, le dégagement de gaz est peu manifeste, il ne se forme plus d'alcool, et l'on obtient de l'acide lactique, une substance semblable à la gomme, et de la mannite.

L'électricité atmosphérique n'est pas non plus sans influence, quoiqu'elle se complique toujours de chaleur et d'humidité, et ne soit que secondaire. Par les temps d'orages le lait se caille plus vite, et la putréfaction des substances animales est accrue considérablement, ainsi que le témoignent les fossoyeurs.

Dès que les conditions indispensables que je viens d'énumérer, contact de l'air, humidité, chaleur, sont remplies, la matière entre en fermentation, et le mouvement moléculaire, une fois imprimé, se communique de proche en proche et ne s'arrête plus. La continuation a lieu même quelquefois à l'abri de l'air, dans les vases les mieux fermés.

Toutes les substances végétales ou animales sont loin d'être altérables, et quelques unes jouissent même d'une stabilité assez grande. Une dissolution aqueuse de sucre abandonnée à l'air s'évapore, se concentre et dépose des cristaux. L'urée que l'on dissout dans l'eau ne perd aucune de ses propriétés. Mais les corps d'une constitution trop complexe, renfermant de l'azote et du soufre, éprouvent des changements moléculaires rapides, et entraînent dans ce mouvement de décomposition des corps qui, par eux mêmes, ne sont pas susceptibles de s'altérer. Lorsque l'on ajoute à un liquide sucré de l'albumine qui, par son exposition à l'air, s'est déjà modifiée, la molécule sucre subit l'influence du contact et se dédouble en deux molécules d'alcool et quatre d'acide carbonique. De même, si dans une dissolution d'urée on ajoute de la fibrine putréfiée, il y a transmission de mouvement et l'urée devient carbonate d'ammoniaque.

Ces faits servent à distinguer la fermentation en *fermentation putride* et en *fermentation proprement dite*. On appelle *ferments* toutes les matières putrescibles, faisant fonction d'excitateur, et déterminant la fermentation de substances incapables par elles-mêmes de s'altérer ; ces dernières sont dites *fermentescibles*.

Ces matières putrescibles, bien qu'en petit nombre, sont répandues dans les diverses parties de l'être organisé et l'entraînent tout entier dans le mouvement de décomposition qu'elles subissent. La putréfaction des corps se complique donc de fermentation ordinaire. Cependant la prédominence des produits fétides, et la nécessité d'une action continue de l'oxygène, pendant toute la durée de la réaction, établit en réalité une différence entre la fermentation putride et la fermentation proprement dite.

Nous allons successivement passer en revue les altérations qu'éprouvent les matières putrescibles au contact de l'air atmosphérique, puis nous nous efforcerons de faire connaître les phénomènes qui accompagnent la destruction des êtres organisés.

Décomposition putride des principes azotosulfurés.

Albumine. — L'albumine est un des corps les plus répandus dans les végétaux ; elle s'y trouve sous deux états, à l'état coagulé dans les tissus, et en dissolution dans les liquides des vaisseaux. Le sérum du sang, le blanc d'œuf sont formés en presque totalité d'une dissolution d'albumine dans l'eau. Que l'albumine provienne des sucs des végétaux ou des liquides de l'économie animale, sa composition et ses propriétés chimiques sont identiques.

L'analyse élémentaire donne

Carbone	53,47
Hydrogène	7,17
Azote	15,73
Oxygène, soufre, phosphore . .	23,63
	100,00

L'albumine se putréfie rapidement lorsqu'on l'abandonne au contact de l'air, et répand alors une odeur fétide due à des hydrogènes sulfurés et phosphorés, et à des principes volatils sur la nature desquels les chimistes ne sont pas fixés. Les autres produits de décomposition sont de l'acide carbonique, du carbonate ammonique, du sulfate et de l'acétate d'ammoniaque. La totalité de la substance est envahie par des myriades d'animalcules dont les générations se succèdent en peu de temps, et qui finissent par disparaître avec les derniers atomes de la matière. Ces animalcules ne se produisent pas quand l'on ajoute de l'acide acétique jusqu'à légère réaction acide ; on voit alors se développer une infinité de petites vésicules, qui donnent naissance à un végétal infusoire, le *pénicillium glaucum* dont les ramifications s'étendent ensuite en tous sens.

La plus petite particule d'albumine qui commence à se putréfier communique son mouvement de transformation aux molécules du sucre que l'on met en contact avec elle, et détermine la fermentation alcoolique. Il se développe pendant cette action un végétal microscopique, le *mycoderma cerevisiæ*, ferment de la bière.

Fibrine. — La chair musculaire est formée en majeure partie de fibrine assemblée en faisceaux. Le sang en contient en dissolution, et c'est à elle qu'il doit la propriété de se coaguler au sortir de la veine. On en rencontre également dans les plantes, c'est la partie du gluten épuisée par l'alcool bouillant. La fibrine animale ou végétale a la même composition élémentaire que l'albumine, ainsi que le démontrent des analyses dignes de confiance. Ces deux composés isomères doivent avoir un arrangement moléculaire différent. La composition élémentaire de la fibrine est :

Carbone	53,23
Hydrogène	7,01
Azote	16,41
Oxygène + S + P	23,35
	100,00

La fibrine exposée à l'air ne tarde pas à se putréfier, et les produits de sa décomposition sont semblables à ceux de l'albumine. On doit à M. Wurtz une observation intéressante sur son altération sous l'eau. Elle se décompose presque entièrement en produits solubles, tels que acétate et butyrate d'ammoniaque, et une substance albuminoïde coagulable par la chaleur. On sait aussi qu'en ajoutant de la fibrine à des pommes de terre cuites, réduites en bouillie avec de l'eau, et en présence d'une quantité suffisante de craie, on obtient rapidement du butyrate calcique. C'est une conséquence de la remarque précédente, le mouvement imprimé à la fécule par la fibrine putréfiée s'est fait dans le même sens.

Caséine. — La caséine se trouve en dissolution dans le lait à la faveur d'une petite proportion d'alcali libre. On la rencontre encore dans les pois, les haricots, sous le nom de légumine, et dans la partie du gluten soluble dans l'alcool. D'après M. Liebig (*Lettres sur la chimie,* vol. I. p. 169) la synaptase serait de la caséine végétale. Cependant il est difficile d'adopter cette désignation, car la synaptase renferme plus d'azote que la caséine, et se comporte différemment en présence de certains corps. On ne peut, en effet, avec la caséine ni transformer la salicine en saligénine, ni faire subir à l'amygdaline ses métamorphoses si longtemps inexpliquées.

Composition :

Carbone	55,14
Hydrogène	7,16
Azote.	15,67
Oxygène + S + P.	22,03
	100,00

La caséine humide abandonnée à l'air passe par les mêmes transformations que l'albumine et la fibrine, mais on remarque parmi les produits de sa décomposition une substance qui reçut d'abord le nom *d'oxide caséeux*, qu'on appela ensuite *aposépédine*, et que l'on reconnut plus tard être de la *leucine*. Cette formation de leucine a été aussi observée, et cela se conçoit sans peine, dans la putréfaction du gluten extrait des farines des céréales.

La caséine en putréfaction mise en contact d'une dissolution sucrée, nous offre un nouvel exemple bien remarquable de l'influence de la température sur la fermentation. Le mélange, placé dans un endroit chaud, donne rapidement de l'alcool, tandis qu'à la température ordinaire, l'acide lactique prend d'abord naissance, puis se décompose à son tour en acide butyrique avec dégagement d'acide carbonique et d'hydrogène.

Ferment de la bière. — La levure de bière, produit de la fermentation des matières albuminoïdes avec le sucre, est composée de cellules végétales élémentaires, *mycoderma cerevisiæ*, de forme ovoïde, du diamètre de $\frac{1}{100}$ de millimètre, renfermant dans leur intérieur un liquide de nature azotée. Il est facile de suivre sous le microscope le développement d'un globule que l'on isole. On remarque bientôt une hernie qui augmente de volume et donne un second globule. De chacun d'eux naissent de nouveaux globules qui à leur tour en engendrent d'autres et ainsi de suite jusqu'à l'épuisement des matières albumineuses. On s'explique ainsi pourquoi les brasseurs retirent une quantité de levure 7 ou 8 fois plus forte que celle employée.

La composition de l'enveloppe celluleuse se rapproche de celle de la cellulose, l'analyse donne :

Carbone	45,46
Hydrogène.	6,89
Oxygène	47,65
	100,00

Le liquide intérieur se rapproche beaucoup, par sa composition, des substances albuminoïdes.

Carbone	54,35
Hydrogène.	7,04
Azote	16,03
Oxygène + S + P . .	22,58
	100,00

On distingue deux espèces de levure, la levure supérieure qui se forme lorsque la température se maintient entre 18 et 25°, la levure inférieure ou la lie qui ne se produit qu'entre 0 et 8°. La levure supérieure, ayant le contact direct de l'air, se trouve dans sa période de putréfaction, et devient éminemment propre à la fermentation. La levure inférieure, au contraire, est dans l'état de combustion lente, et ne peut provoquer de métamorphose rapide et tumultueuse.

Par lavages à l'eau tiède on sépare la levure en deux parties, dont l'une, soluble, albuminoïde, détermine la fermentation du sucre, après contact de l'air, et l'autre, insoluble, sans action sur le sucre, se compose des enveloppes celluleuses. D'après une expérience fort intéressante de M. E. Robiquet, on rend l'activité à ces enveloppes inertes, en les délayant dans une eau albumineuse; si l'on ajoute à ce mélange de l'eau sucrée, la fermentation s'établit aussitôt.

Suivant M. Schmidt (*Annales de Millon et Reiset*, 1847, p. 614), la levure fraîche, porphyrisée pendant quelque temps, transforme le sucre en acide lactique, sans donner trace d'alcool. Cette action mécanique produit-elle un nouvel arrangement des molécules du ferment, et par suite une différence d'action? Tout est mystérieux dans ces phénomènes, et leur explication se fera longtemps encore attendre.

La levure, exposée à l'air, subit les mêmes transformations putrides que les corps protéiques. Lorsque sa putréfaction est peu avancée, elle convertit le sucre en acide butyrique.

Décomposition putride des végétaux.

Quelques auteurs donnant au mot putréfaction une acception restreinte, n'y comprennent point les altérations qu'éprouvent les végétaux. Cette distinction, basée sur la lenteur de leur décomposition et la différence des produits auxquels elle donne naissance, ne me paraît pas bien fondée. On conçoit que les tissus animaux, naturellement humides, baignés de sucs, et renfermant beaucoup d'azote, principe doué de peu d'affinité pour les corps et dont toutes les combinaisons sont instables, se décomposent avec la plus grande rapidité. Doit-on attacher de l'importance à l'impression plus ou moins vive qui affecte l'organe olfactif? Nous ne pensons pas qu'en chimie ce soit un bon guide pour une classification. Les altérations des végétaux et des animaux ayant une même origine, il paraît convenable de les comprendre sous la même désignation de fermentation putride.

Ainsi que nous l'avons dit au commencement de ce travail, dès que la vie s'est retirée des corps qu'elle animait, la fermentation s'établit, mais sous certaines conditions; et la manière dont ces conditions seront remplies fera varier les produits et la durée de la réaction. L'arbre abandonné à l'air libre, placé dans l'eau ou recouvert de terre, se décompose suivant des phases différentes. Les distinctions employées par M. Liebig ne sont pas toujours très-rigoureuses; nous les adopterons toutefois parce qu'elles aident à traverser un sujet encore fort obscur.

Ainsi dans le premier cas le végétal se trouve exposé à

l'air humide, et y subit une *combustion lente* ou *érémacausie.*

Dans le second cas la plante recouverte d'eau se décompose en empruntant l'oxygène, soit à l'air dissout dans l'eau, soit aux éléments de l'eau, soit enfin à ses propres éléments. On conçoit que l'oxydation sera moins parfaite que dans le cas précédent; aussi se dégage-t-il toujours une certaine proportion variable d'hydrogène libre et d'hydrogène carboné. Cette décomposition au sein de l'eau prend le nom de *pourriture humide.*

Enfin, dans le troisième cas, l'accès de l'air et de la vapeur d'eau est empêché ; la réaction se passe sous terre à une certaine profondeur. Les matières organiques ne pourront tirer ici l'oxygène et l'eau que d'elles-mêmes, ou de ce qui les entoure. C'est ce que l'on entend par *pourriture sèche.*

ÉRÉMACAUSIE. — Le végétal abandonné à l'air humide entre en putréfaction, et se décompose avec une rapidité qui est en raison directe de la quantité de sucs qu'il contient, et en raison inverse de la cellulose, dont il est formé. Les feuilles, les fruits, les tiges herbacées disparaissent assez promptement, tandis qu'un arbre abattu, à fibres compactes, met 60 à 80 ans à sa métamorphose complète. La marche de l'altération est d'abord rapide, puis il se forme une matière noirâtre, pulvérulente, à laquelle on a donné le nom de terreau; à partir de ce moment l'absorption de l'oxigène devient très-lente. Elle se ralentit aussi sur les points protégés par une couche déjà épaisse de matières organiques en décomposition, et reprend ensuite à mesure que celle-ci se désagrège. Lorsque la désorganisation commence, on remarque un nombre infini d'insectes, d'animalcules, de cryptogames qui vivent aux dépens de la plante.

L'érémacausie peut se propager par contact, et le bois en pourriture ne tarde pas à désorganiser le bois frais. Elle est suspendue par un abaissement, ou par une élévation trop grande de température.

Les substances protéiques se putréfient en premier lieu, et le mouvement de décomposition s'étend ensuite aux divers autres principes immédiats, que l'on rencontre dans les végétaux ; la cellulose plus stable s'altère la dernière. Par l'action de l'oxigène, une partie de l'hydrogène de la substance est brûlée, et il se dégage en même temps de l'acide carbonique. La quantité de carbone augmente progressivement dans le résidu, jusqu'à ce que l'affinité de l'hydrogène pour le carbone fasse équilibre à l'action oxydante de l'air. Le terreau contient en effet proportionnellement plus de carbone que la cellulose dont il dérive. On observe un dégagement d'ammoniaque qui provient sans doute de l'union de l'hydrogène et de l'azote de la substance organique, tous deux se trouvant à l'état naissant. D'après M. Mulder, l'azote de l'air, aussi bien que l'oxygène, peut se combiner avec l'hydrogène et donner lieu à de l'ammoniaque. L'ammoniaque se formerait dans les interstices de la matière en putréfaction, de la même manière que le nitre dans les pores des rochers et des murailles. C'était aussi l'opinion de Théodore de Saussure. M. Soubeiran, dans son beau travail sur l'humus (*Journal de pharmacie*, 3e série, XVII, p. 330), fait remarquer que la poudre de chêne vermoulu renferme une plus forte quantité d'azote que le bois de chêne qui l'a fournie. Ce fait viendrait à l'appui des opinions précédemment émises.

Parmi les produits de l'érémacausie, on distingue encore du carbonate et de l'acétate d'ammoniaque et plus rarement du nitrate ammonique. Le soufre et le phosphore des principes organisés, tels que l'albumine, la caséine, le gluten, se combinent à l'hydrogène.

Les chimistes reconnaissent deux termes dans la décomposition successive du bois, l'humus, soluble dans les alcalis, et le terreau charbonneux insoluble, mais qui par le contact de l'air donne de l'acide carbonique et finit par devenir soluble. Il serait plus convenable, d'après M. Soubeiran, de placer en première ligne le terreau charbonneux, qui se forme en réalité d'abord, car c'est de lui que dérive l'humus par une oxydation plus avancée. On sait en effet que le terreau épuisé donne de nouveau de l'humus soluble, lorsqu'on l'abandonne pendant quelque temps à l'air.

Le terreau, outre les sels minéraux, les sels volatils, contient certains principes neutres ou acides, solubles ou insolubles dans l'eau, tels que l'ulmine, l'humine, les acides ulmique, humique, géique, crénique, apocrénique. On conçoit que la composition du terreau soit variable, car ce sont des produits de transition qui passent de l'un à l'autre : ainsi par exemple l'acide ulmique perdant deux équivalents d'hydrogène, se convertit en acide humique, et ce dernier absorbant deux équivalants d'oxygène, se transforme en acide géique.

On donne le nom générique d'humus à la partie du terreau soluble à la faveur des alcalis. Le terreau, d'après M. Soubeiran, en contiendrait très-peu à l'état de liberté. Lorsqu'on le traite en effet par l'ammoniaque en opérant à l'abri de l'air, la liqueur, qui en provient, est faiblement colorée par une petite proportion d'humus libre. Mais si le traitement se fait au contact de l'air, la liqueur se fonce et devient brune : les alcalis favorisent donc l'absorption de l'oxygène et la formation de l'humus.

Le terreau renferme une plus grande quantité d'humus, en combinaison avec la chaux, et sa présence est facile à constater. Il suffit de traiter par un acide étendu, de laver et d'ajouter de l'ammoniaque qui même, à l'abri de l'air, se colore fortement en brun. Cet humate calcique contenu dans le terreau n'est pas attaqué par l'ammoniaque. Il n'en est pas de même lorsqu'on remplace cette base par son carbonate, comme l'a fait M. Soubeiran, car celui-ci fournit immédiatement par double décomposition de l'humate ammonique. Cette expérience indique clairement le rôle que joue le carbonate ammonique dans les engrais. La chaux, base puissante, active l'action de l'oxygène, et par suite la formation de l'humus ; mais le composé calcaire qui en résulte n'est pas apte à servir à l'entretien de la vie des végétaux, et c'est l'intervention du carbonate ammonique, autre produit de la fermentation putride, qui lui donne la solubilité indispensable à l'absorption par les spongioles.

D'après ce savant chimiste, l'humus, déduction faite de 7,16 pour cent de cendres, contient :

Carbone	55,3
Hydrogène	4,8
Azote	2,5
Oxygène	37,4
	100,0

On peut aussi ranger parmi les phénomènes d'érémacausie la véritable combustion lente qu'éprouvent les huiles siccatives en présence de l'air, et celle infiniment plus rapide de l'acide pyrogallique sous l'influence de l'ammoniaque.

Le blanchîment des étoffes sur le pré est une application industrielle de ce phénomène de décomposition. Les toiles ne sont que des fibres ligneuses dont la coloration plus ou moins forte vient des apprêts, du parage, pendant la fabrication. Lorsqu'on les expose à l'état humide au contact de l'air, il s'établit une combustion lente dont le premier effet est de faire disparaître les matières colorantes. Les personnes qui sont à même de se servir de ce procédé de blanchîment, savent éviter un contact trop prolongé et la trop grande humidité, qui amènent une véritable pourriture.

Pourriture humide des végétaux. — On entend par pourriture humide la putréfaction qu'éprouvent les végétaux au sein des eaux. L'air n'a pas libre accès. la décomposition sera plus lente. Ainsi les bois à fibres serrées, compactes, pourront-ils séjourner au fond de l'eau pendant un long espace de temps sans s'altérer beaucoup. Les plantes herbacées ne jouissent pas de la même immunité, leurs tissus tendres et gorgés de sève les rendent très-propres à subir la fermentation putride; elle se fera toutefois lentement, lorsqu'il ne restera plus que la cellulose à détruire. Il est bien entendu qu'elle commencera par les principes azotés, puis se continuera jusqu'aux ligneux, et que l'on verra apparaître cette multitude d'infusoires, caractère de toute putréfaction. Mais les choses ne se passent plus aussi simplement que dans l'érémacausie, les réactions deviennent plus compliquées.

Le bois pourri et blanc des vieux troncs d'arbres restés pendant de longues années au contact de l'eau, a donné à

M. Liebig (*Introduction à la chimie organique*, page 59), par l'analyse, les nombres :

Carbone	47,01
Hydrogène. . . .	6,31
Oxygène . . , .	45,41
Cendres	1,27
	100,00

qui correspondent à la formule $C^{33} H^{27} O^{24}$.

La quantité d'hydrogène est supérieure à celle que contient le bois ordinaire. Les éléments de l'eau ont donc concouru à la réaction aussi bien que l'oxygène de l'air, le phénomène est plus complexe par conséquent. L'altération devient ensuite plus profonde, il se dégage peu d'acide carbonique, une portion seulement de l'hydrogène est convertie en eau, une autre s'échappe à l'état de liberté, en même temps que des hydrogènes carbonés, gaz des marais et autres.

Les eaux contenant des végétaux en putréfaction peuvent exercer une action réductrice, due à l'hydrogène naissant, capable de ramener les sulfates, par exemple, à l'état de sulfure. Certaines eaux doivent leur fétidité, leur odeur d'œufs pourris à une action de ce genre ; le sulfate de chaux qu'elles tenaient en dissolution est transformé en sulfure qui, sous l'influence de l'acide carbonique de l'air, dégage de l'hydrogène sulfuré.

Le dépôt limoneux, dernière expression de la désorganisation des végétaux, a été peu étudié. Il renferme en petite quantité un principe qui a la singulière propriété de déterminer une éruption sur la peau.

Les dépôts de certaines eaux minérales contiennent les acides crénique et apocrénique de M. Berzélius à l'état de sels ferriques. Le second acide est un produit de transformation du premier, et en diffère par de l'eau et de l'hydrogène.

2 eq d'acide crénique	=	48 C 24 H 32 O
1 eq d'acide apocrénique	=	48 C 12 H 24 O
reste. . .		8 H 8 O
		4 H

Les plantes annuelles qui croissent en abondance dans les marais, se décomposent et forment ainsi des couches successives qui augmentent jusqu'à ce que le marécage soit à sec. Ces dépôts, souvent considérables, constituent la *tourbe*, dont l'industrie tire grand parti comme combustible. Sa formation est extrêmement lente, aussi les végétaux ne se déforment-ils pas sensiblement. La tourbe présente une réaction légèrement acide, que l'on a attribuée à de l'acide acétique et à de l'acide phosphorique, mais qui est plutôt inhérente à sa nature, car les lavages prolongés ne la font pas disparaître.

L'eau ne se colore pas par son contact avec la tourbe, l'ammoniaque se colore peu d'abord, puis se fonce de plus en plus en absorbant l'oxygène de l'air, et cette coloration reparaît de nouveau, quand après lavages on fait agir encore l'ammoniaque. A l'abri de l'air rien de semblable ne se passera, car l'humus n'y existe pas à l'état de liberté, ou n'y existe qu'en très-faible proportion ; mais si l'on commence par ajouter de l'acide chlorhydrique, l'ammoniaque donne alors une liqueur très-foncée, sans que le contact de l'air soit nécessaire pour la produire.

Ces observations, que l'on doit à M. Soubeiran, rapprochent la tourbe du terreau ; l'humus, extrait de l'un ou de l'autre, ne se diffère, ni par sa composition chimique, ni par ses propriétés fécondantes. L'agriculteur éclairé pourra donc tirer grand parti du voisinage des tourbières ; car pour obtenir un engrais de bonne qualité, il lui suffira de laisser la tourbe exposée au contact de l'air pendant quelques mois, après l'avoir additionnée d'une quantité convenable de chaux, et de renouveler de temps en temps les surfaces, en arrosant chaque fois, afin de favoriser la transformation en humate calcique.

Pourriture sèche. — Il est difficile de se faire une idée des réactions successives, par lesquelles passent les végétaux enfouis dans les profondeurs de la terre. L'accès de l'air et de la vapeur d'eau ne pouvant avoir lieu, on est conduit à admettre, qu'ils empruntent à leur propre substance, les éléments nécessaires à leur transformation. La putréfaction devra être différente dans un sol argileux, bien que l'air n'y puisse pénétrer, et cela parce que l'une des conditions de désorganisation se trouve remplie, l'humidité qui s'y maintient pendant assez longtemps. Elle se fait avec plus de rapidité dans un sol sablonneux où pénètre de l'eau, tenant en dissolution les principes de l'air. On comprend aussi que la présence de calcaires vienne à l'accélérer.

Les produits de la décomposition sont : de l'eau, de l'acide carbonique, et des hydrogènes carbonés. Ce qu'il y a de remarquable, c'est que la proportion de carbone, loin de diminuer, augmente au contraire continuellement. M. Liebig donne au résidu le nom de pourri. Sa composition n'est pas la même dans tout les bois, car, outre le ligneux, ceux-ci contiennent des proportions différentes de substances organiques étrangères. Elle varie pour la même espèce de bois ; c'est ce que fait voir le tableau qui suit :

	Carbone.	Hydrogène et oxygène.
Bois de chêne	52,053	47,047
Chêne pourri.	53,056	46,044
Autre	56,211	43,789

Les fruits des céréales, que l'on rencontre quelquefois dans de vieux caveaux abandonnés, présentent des altérations du même genre. On y trouve alors de l'ulmine, de l'ulmate de chaux et des matières carbonées de nature indéterminée.

On rencontre les lignites en bancs considérables dans les terrains tertiaires. Leur composition varie suivant les degrés de l'altération. Il en est qui renferment 57 pour cent de carbone, d'autres 62, d'autres enfin 71 : ce sont les lignites parfaits.

L'immense quantité d'acide carbonique qui se dégage des lignites en rend l'exploitation dangereuse, et les exemples d'accidents ne sont pas rares. Le danger cependant n'est pas à beaucoup près comparable à celui auquel la vie de l'ouvrier est exposée dans l'exploitation des houillères; le mélange de gaz combustible n'est pas fréquent. Le dégagement d'acide carbonique, par les fissures du sol, donne naissance à de nombreuses sources acidules dans tout le voisinage des bancs de lignite.

On trouve dans les lignites des composés minéraux tels que la pyrite, quelquefois le sulfure de zinc, des sulfates de fer, d'alumine. J'ai fait remarquer précédemment les phénomènes de réduction qu'opéraient les plantes en putréfaction dans l'eau par l'hydrogène qu'elles dégagent. Dans le cas présent, c'est peut-être une action inverse. On y rencontre aussi des résines fossiles, telles que succin, rétinite, mellite et autres, dont la présence ne s'explique pas d'une manière satisfaisante.

Sans vouloir entrer dans des détails, nous mentionnerons encore la houille et l'anthracite comme formations du même genre.

La houille est très-abondante dans les terrains de transition : elle doit probablement son origine à une métamorphose des lignites, à des pressions plus ou moins fortes. Les hydrocarbures qui n'ont pu s'échapper se sont ensuite condensés.

Souvent des fissures des houillères se dégagent des gaz inflammables, mélanges de gaz des marais, d'hydrogène bicarboné, d'azote, d'acide carbonique. Il existe donc une cause incessante de décompositions.

L'anthracite plus riche en carbone que la houille, et sans doute le dernier terme de la décomposition des végétaux, ne se rencontre que dans les terrains les plus anciens.

Putréfaction des matières animales.

De bonne heure on reconnut tout l'intérêt que présente l'étude de la putréfaction, tant au point de vue philosophique, qu'au point de vue scientifique, qu'à celui des applications que la médecine et l'économie domestique peuvent en tirer. Cependant si l'on sait aujourd'hui mieux arrêter la marche de l'altération, il faut avouer que l'on n'est pas plus avancé sur la cause qui la produit.

La putréfaction s'établit avec une extrême facilité dans les substances animales, et y parcourt toutes les périodes avec une rapidité infiniment plus grande que dans les substances végétales. Nous avons insisté à plusieurs reprises sur cette différence, provenant de la complexité des molécules animales. La proportion plus forte d'hydrogène combinée au carbone et à l'oxygène, la présence de l'azote, du soufre et du phosphore, rendent l'équilibre plus facile à rompre, dès que la vie ne l'entretient plus. La désorganisation devra être plus prompte, plus profonde, et donner des produits plus nombreux, plus variés que ceux qui résultent de la décomposition des substances végétales.

J'ai énuméré, dans l'introduction, d'une manière générale, les conditions indispensables à la production de ces phénomènes. C'est le moment d'y revenir avec plus de développements, en les faisant suivre d'une circonstance qui peut l'accélérer ou la retarder, la nature, l'état hygrométrique du milieu.

Action de l'air. — L'air est la cause déterminante principale de la putréfaction, et chacun sait qu'il suffit de soustraire à son action une substance animale pour la conserver indéfiniment. On admet généralement que cette influence désorganisatrice est due à l'oxygène. Toutefois, quelques chimistes allemands sont arrivés à des résultats tellement extraordinaires que le doute est presque permis. Je cite leurs expériences sans commentaire.

En 1837, M. Schwann, de Berlin, annonça que la chair musculaire, après ébullition préalable dans l'eau, ne se putréfiait plus, lorsqu'on la laissait exposée dans un air d'abord chauffé au rouge.

M. Helmholtz (*Annuaire de Berzélius*, 1846) reprit ce sujet et étudia comparativement la putréfaction à l'air libre et dans l'air chauffé. Il fit bouillir dans deux ballons de la viande avec une certaine quantité d'eau, de manière à faire disparaître l'air dissout dans l'eau, et à détruire, dit-il, les œufs d'infusoires et les graines des moisissures. On exposa l'un des ballons directement au contact de l'air, et la matière se putréfia assez vite. Dans l'autre on dirigea, pendant le refroidissement, de l'air qui passait par un tube chauffé au rouge. Il est évident qu'à cette haute température toute substance organique devait être détruite. Cette viande se conserva pendant huit semaines, par un été très-chaud, sans présenter trace de putréfaction. On renouvelait de temps en temps l'air mais en ayant bien soin de le faire toujours passer à travers le tube au rouge. Quand ensuite on y fit arriver de l'air ordinaire, la putréfaction s'y développa avec rapidité.

Cependant MM. Doepping et Struve (*Journal für praktische Chemie*, t. XLI. p. 255) ont répété les expériences de M. Helmholtz, et sont en complet désaccord avec ce chimiste. L'air chauffé au rouge, d'après leurs déclarations, ne fait que suspendre la putréfaction, et celle-ci se manifeste au bout de quinze jours. Il est donc sage de ne rien conclure.

M. Mitscherlich (*Annuaire de Berzélius*, 1847) arriva plus simplement au même résultat que M. Helmholtz. Il fit aussi bouillir la viande et l'eau dans des ballons, les uns à l'air libre, les autres recouverts préalablement de papier à filtrer suédois, avec les précautions qu'exigeait une expérience aussi importante. Dans les premiers, putréfaction rapide avec moisissures, champignons; tandis que dans les ballons où l'air était filtré, nul symptôme d'altération, même au bout de plusieurs semaines.

Dans ces derniers temps, MM. Schröder et de Dusch, (*Annales de Liebig*, 1854) obtinrent des résultats non moins curieux, et démontrèrent que l'air filtré sur du coton cardé était impropre à déterminer les phénomènes putrides. Le coton qu'ils emploient est chauffé d'abord au bain-marie. On en remplit un large tube ouvert communiquant au ballon dans lequel on fait bouillir la viande avec de l'eau. Le ballon est mis en rapport par un tube recourbé avec un gazomètre plein d'eau, fonctionnant comme aspirateur. Après ébullition on fait fonctionner l'aspirateur en règlant l'écoulement du liquide de manière à ce qu'il tombe goutte à goutte. Pendant les vingt-trois jours que dura l'expérience on fit passer presque continuellement de nouvel air sur le coton cardé. Après ouverture du ballon, la viande fut trouvée dans un état parfait de conservation.

En surmontant simplement un ballon d'un tube de 30 centimètres, rempli de coton bien tassé, et en abandonnant à l'air, après ébullition, l'appareil ainsi disposé, on arrive à un résultat semblable.

Le lait bouilli placé dans les mêmes circonstances, s'est néanmoins caillé. Il est bon d'ajouter que l'air chauffé au rouge n'empêche nullement la coagulation du lait.

A côté de ces expériences, qui paraissent si concluantes pour ceux qui voient dans les infusoires la seule et unique cause de la fermentation putride, se place un résultat négatif. MM. Schröder et de Dusch ont constaté, que la viande chauffée sans eau continuait à se putréfier avec autant de rapidité qu'à l'air libre, malgré une couche épaisse de coton. La seule différence c'est que, par suite de cette filtration de l'air, on n'apercevait pas d'infusoires. Ces messieurs ne tirent aucune conclusion de leurs expériences, se réservant du reste de les continuer. Toutefois, en révoquant même l'intervention de l'oxygène comme cause déterminante de la putréfaction, on ne peut nier son influence sur les progrès de celle-ci, son rôle dans cette suite de décompositions qui met fin à la matière organisée. L'oxygène, sans aucun doute, ne caractérise pas seul la putréfaction, il y a véritable fermentation dont les produits intermédiaires sont à découvrir, mais il est indispensable pour qu'elle puisse s'effectuer complétement, c'est lui qui brûle l'hydrogène, qui transforme le carbone en acide carbonique.

Température. — A la température de la glace et au-dessous il ne peut y avoir putréfaction, ainsi que le témoignent ces animaux, datant des premiers âges du monde, trouvés dans les glaces du nord dans un état parfait de conservation. Vers 3 ou 4° les altérations sont peu sensibles, et ce n'est réellement que vers 6 ou 8°, que la fermentation putride s'établit et continue. La température la plus favorable est entre 15 et 30°. Mais lorsque la température dépasse 55 à 60°, la marche de la décomposition est subitement arrêtée. Est-ce parce que la chaleur tend à déssécher la substance, comme le prétendent quelques auteurs, (*Répertoire de médecine*, t. XXVI, *art. putréf.* Orfila), et que l'humidité lui est nécessaire pour accomplir sa métamorphose? Dans bien des cas cette raison peut être bonne, mais lorsque la substance baigne dans un liquide, l'hypothèse cesse d'être soutenable, car évidemment il reste plus d'humidité qu'il n'en faut pour la continuation du phénomène. Pour des questions du genre de celles qui nous occupent, on ne peut que constater un fait sans chercher des explications prématurées.

Humidité. — L'humidité favorise les décompositions, en ramollissant les tissus. Il est généralement reconnu que les matières animales sèches ne se pourrissent pas; les viandes, les préparations anatomiques désséchées ne s'altèrent plus.

Influence du milieu. — Quand les conditions indispensables, oxygène, chaleur et humidité, se trouvent réunies, la putréfaction commence. La marche qu'elle suit variera suivant la nature du milieu. Un corps ne se putréfie pas aussi rapidement dans l'eau qu'à l'air libre, et la lenteur est plus grande encore au sein de la terre.

Examinons la question sous ces trois points de vue, et voyons d'abord les diverses altérations que présente le cadavre abandonné au contact de l'air.

Des cadavres exposés en même temps, dans une même salle, soumis aux mêmes influences par conséquent, se décomposent à des moments variables, et cela tient à différentes causes. Ainsi une personne qui succombe à la suite d'une maladie aigue, se putréfie plus promptement qu'une autre, dont la maladie était chronique. La putréfaction est plus rapide chez les enfants que chez les adultes, plus lente chez les vieillards. De même un homme replet est plus vite décomposé qu'un homme maigre. On conçoit également que les parties qui présentaient de l'irritation, de l'inflammation, de l'engorgement, s'altèrent avant les autres. Celles, où il y a prédominence de liquides, les organes digestifs, les organes mous, sont en pleine putréfaction, bien avant que les autres parties aient perdu leur consistance.

Dès que le mouvement de décomposition est commencé, la substance animale se ramollit, change de couleur, passe au vert, ou vire ou rouge brun. L'odeur de fade qu'elle était d'abord, devient fétide et insupportable. Les liquides se troublent, et des parties ramollies s'écoule une abondante sérosité de couleur variable. Toute cette masse en putréfaction est agitée par les bulles de gaz qui s'en dégagent. Plus tard elle s'affaisse, et sa couleur se fonce de plus en plus. Pendant ces diverses périodes, le cadavre est couvert de mouches, qui y déposent des larves, d'où naissent par métamorphose d'autres mouches; de myriades d'acarus qui, ayant vécu à ses dépens, servent à une génération d'êtres microscopiques, qui les font disparaître, pour disparaître à leur tour. Ainsi la vie naît du sein même de la mort. Pendant ce temps, la matière se divise, se brûle, l'acide carbonique et l'ammoniaque qui en résultent, se répandent dans l'atmosphère, et vont donner la vie et le développement aux plantes.

On remarque trois temps dans la putréfaction des corps. Dans le premier, couleur verte, vers la région abdominale d'abord, qui envahit successivement la face, le cou, la poitrine; distension de l'abdomen par des gaz; odeur fétide. Dans le second, odeur putride, dégagement de gaz, tels que, hydrogène sulfuré, phosphoré, ammoniaque, entraînant des produits volatils de nature inconnue; la matière va en se ramollissant, la couleur se fonce. Enfin au dernier terme, l'odeur est faible et devient parfois aromatique, dit-on, la masse est devenue informe, et ses éléments s'étant dispersés, il ne reste plus qu'une terre d'un brun noirâtre, grasse au toucher, sorte de *terreau animal*, qui finit par disparaître à son tour, en laissant pour résidu les sels minéraux que contenait le corps.

Quelquefois, au début de la putréfaction, la matière animale devient phosphorescente. Les frères COOPER virent, dans une salle d'anatomie, quelques parties d'un homme âgé devenir lumineuses. Ces parties, placées sur des cadavres qui ne manifestaient pas ce phénomène, y propagèrent la phosphorescence dans toutes les directions. L'oxygène, l'azote, l'hydrogène, l'hydrogène phosphoré, l'oxyde carbonique, furent sans effet sur elle, même pendant plusieurs jours; l'acide carbonique s'affaiblit, le sulfide hydrique, le chlore, le vide de la machine pneumatique, la firent immédiatement disparaître; elle eut une durée de quelques instants dans une eau alcaline, une plus longue dans l'alcool. On sait aussi que les poissons putréfiés deviennent phosphorescents. La cause de ces phénomènes reste à connaître.

La putréfaction des substances animales marche dans l'eau avec plus ou moins de lenteur : ces différences tiennent aux variations atmosphériques. Elle est plus rapide dans un courant d'eau que dans une eau stagnante. Lorsqu'on en sort un cadavre qui y a séjourné pendant quelque temps, on remarque, dès son exposition à l'air, une altération très-rapide.

Les produits de décomposition, que l'on a pu examiner, devront différer de ceux qui se forment à l'air libre. On trouve en effet une proportion assez faible d'acide carbonique, des hydrogènes sulfuré, phosphoré, et une grande quantité d'hydrogènes carbonés, ce qui porterait à supposer que les éléments de l'eau prennent part à la réaction, comme dans la pourriture humide des végétaux. On a peu étudié ces produits de transformation des matières animales au sein de l'eau. Il semble très-probable, d'après les expériences de M. Wurtz sur la putréfaction de la fibrine dans l'eau, qu'il se forme de l'acétate et du butyrate d'ammoniaque. Cependant il est un produit qui a fixé l'attention des chimistes, c'est l'*adipocire* ou *gras des ca-*

davres. Fourcroy l'examina le premier et le regarda comme identique à la matière cristalline des calculs biliaires et au blanc de baleine. On crut pendant longtemps que la putréfaction sous l'eau transformait les chairs musculaires en gras des cadavres. Mais il est bien reconnu aujourd'hui que c'est simplement un savon ammoniacal formé aux dépens de la graisse naturelle du cadavre.

La putréfaction des corps confiés à la terre se fait avec infiniment plus de lenteur que dans l'eau ; elle demande huit à douze mois pour se manifester, car l'air pénètre peu à travers les couches de terre plus ou moins épaisses qui recouvrent les cadavres. La nature du terrain dans ces décompositions doit avoir sa part d'influence : la présence des calcaires facilite la destruction des matières organiques. Dans la dernière période on ne trouve plus que le terreau animal mélangé de gras des cadavres. Il faut avouer du reste notre profonde ignorance sur les différents produits de transition ; les chimistes, malgré les ressources de la science, s'en sont peu occupés par une répugnance fort concevable.

Influence des matières en putréfaction sur l'économie animale.

De tout temps, on regarda comme très-nuisibles à la santé, les miasmes que répandent dans l'atmosphère les substances organiques végétales ou animales en putréfaction, on leur attribua même les épidémies les plus graves. Aujourd'hui cette question est plus que controversée, et l'on trouve des auteurs qui nient complétement l'influence délétère de ces gaz, s'appuyant du reste sur des observations qui ne manquent pas de valeur. La santé de l'ouvrier occupé dans l'échauffe du tanneur, dans les clos d'équarrissage, ne semble en effet nullement altérée, et l'odeur des salles de dissection ne produit aucun effet fâcheux. A celà on pourrait objecter que la putréfaction des corps, dans ces circonstances, n'est pas très-avancée, et que les principes toxiques se manifestent surtout dans une période plus éloignée. Et ensuite ne doit-on pas tenir compte de l'habitude, de la constitution des personnes soumises à ces influences?

A côté de ces observations sur l'innocuité des miasmes putrides, il en est d'autres qui tendent au contraire à établir que les vapeurs infectes développées par la putréfaction sont des plus délétères et peuvent causer de graves accidents. Les exemples de fossoyeurs tombés asphyxiés en remuant des cadavres putréfiés sont malheureusement nombreux. Souvent, dans ces cas, la mort est instantanée comme le démontrent les faits cités par Fourcroy, Orfila et d'autres auteurs. Ainsi, lors des fouilles du cimetière des Innocents plusieurs fossoyeurs périrent subitement, et l'on con[illegible]t l'observation du père Cotte (*Observ. de phys. etc. par l'abbé* Rozier, *t. III. p*, 103), témoin de la mort subite d'un fossoyeur qui, ayant par mégarde donné de la bêche contre un cercueil, s'était baissé pour en refermer l'ouverture.

Parfois les personnes, soumises à ces émanations putrides, n'éprouvent que des nausées, des vertiges, un malaise, suivis bientôt de coliques vives, de diarrhée sanguinolente et d'une prostration générale.

L'action de ces gaz putrides sur les animaux est devenue évidente par les expériences de M. Magendie. Il disposait au fond d'un tonneau des viandes putréfiées, et exposait aux miasmes, qui s'en échappaient, des animaux placés sur un grillage. Les chiens soumis à cet épreuve, maigrissaient dès le quatrième jour, et mourraient au bout de 10 à 20 jours. Il est vrai de dire, que les pîgeons, les lapins, laissés pendant un mois au milieu de cette atmosphère infecte, n'en ressentirent nullement l'influence.

Les effets nuisibles des miasmes paludéens sont connus depuis longtemps. Leur nature diffère essentiellement, suivant les substances qui se putréfient, et les effets varient, selon qu'il y a continuité ou intervalle dans l'action.

La vie de l'habitant des marais n'est qu'une longue chaîne de souffrances maladives, qui réduisent ses forces musculaires, et influent sur son énergie morale. Il n'est pas cependant préservé des affections aigues, telles que diarrhée, dyssenterie, fièvres intermittentes; il n'est même pas rare de voir succéder une seconde et une troisième invasion. Toutefois ces caractères ne se présentent pas partout à un aussi haut degré d'intensité. Dans les pays froids l'influence est nulle, sous notre latitude elle ne se fait sentir que pendant les chaleurs de l'été, mais elle est continuellement redoutable dans les pays chauds.

Si des miasmes putrides nous passons aux matières en décomposition qui les produisent, nous n'aurons pas de peine à en mettre en évidence les qualités nuisibles. Les expériences de MM. Orfila, Gaspard, Magendie, ne laissent aucun doute à cet égard. Nous ne pouvons nous arrêter à les détailler; qu'il nous suffise de dire que M. Magendie a observé des cas où l'application de matières putréfiées, sur une blessure récente, a déterminé des vomissements, de la lassitude, et, au bout d'un certain temps, la mort. On sait du reste que, dans les salles de dissection, la plus légère piqûre d'un scalpel occasionne des accidents souvent très-graves, quelquefois mortels. Il est également reconnu que les eaux altérées par des végétaux en décomposition, produisent des effets funestes.

Les exemples de maladies mortelles, causées par l'usage de viandes gâtées, ne sont que trop nombreux. Fodéré rapporte qu'au siége de Mantoue, plusieurs personnes furent atteintes de scorbut et de gangrène sèche des extrémités, pour avoir mangé de la chair de cheval à demi-pourrie.

En Allemagne les empoisonnements de ce genre sont fréquents, et les docteurs Kerner, Schumann et Weiss les citent par centaines, produits par les viandes fumées et les boudins.

On comprend quel doit être l'embarras du toxicologiste dans un cas de ce genre, car où et comment trouver le corps du délit? Voici à ce sujet une expérience de M. Buchner. Ce chimiste s'assura que la solution aqueuse de boudins de foie fumés n'agissait pas sur les animaux; l'extrait alcoolique fait à chaud donna un résidu soluble partiellement dans l'eau, la partie insoluble seule était vénéneuse. Ce résidu qui ressemblait à une graisse molle et jaune brunissait à l'air, surtout lorsqu'on le dissolvait dans la potasse.

Nous n'avons considéré que d'une manière générale l'influence des matières organiques en putréfaction sur la santé; il ne nous reste plus qu'une question incidente à traiter. La putréfaction peut-elle se développer au milieu de corps en vie? En principe nous en avons admis l'impossibilité. Cependant on a vu des agonisants dont l'abdomen était verdâtre. Ne pourrait-il pas se faire qu'une mort partielle fut suivie de putridité partielle? Dans quelques circonstances, l'économie animale peut renfermer de véritables foyers d'altération putride, lorsque le pus accumulé n'a pas un libre écoulement. Ces phénomènes connus sous le nom de résorption, d'infection putride, sont trop en dehors de nos études habituelles pour que nous cherchions à les approfondir.

Procédés employés pour prévenir la putréfaction.

Conservation des végétaux. — Enlever la cause essentielle d'altération, telle est toute la difficulté lorsqu'il s'agit de conserver les plantes destinées aux usages pharmaceutiques ou aux collections de botanique. Nous ne pouvons nous arrêter à décrire les moyens de dessiccation employés.

Conservation des bois. — C'est à la présence de matières azotées qu'est due l'altération des bois. On peut en conclure que tout antiseptique pourra opérer la conservation des bois. Les agents les plus ordinairement employés sont les huiles, les suifs, les résines, le chlorure sodique, les sulfates de fer, de zinc, de cuivre, le pyrolignite de fer, l'acétate de plomb, le chlorure mercurique, l'acide arsénieux. On les fait pénétrer dans l'intérieur des bois par les moyens qui suivent.

Un des procédés les plus anciens consistait à plonger dans du suif chauffé à 200° les pièces de bois encore humides.

M. Bréant conseille d'introduire dans le bois des huiles siccatives, à l'aide d'une pression de 10 atmosphères.

M. Perrin fait le vide en brûlant une étoupe imprégnée d'esprit de bois, dans un vase de fonte adapté à une extrémité du tronc d'arbre, tandis que l'autre plonge dans le liquide conservateur.

M. Mohl obtient le vide par l'introduction de vapeur d'eau que l'on condense ensuite par refroidissement.

M. Boucherie utilise la force ascentionnelle de la sève, et fait pénétrer le liquide préservateur par les racines de l'arbre récemment abbattu, ou même encore sur pied ; c'est au pyrolignite de fer qu'il donne la préférence.

MM. Boutigny et Hutin conseillent l'emploi de l'huile de schiste et le goudron.

Conservation des aliments. — La dessiccation est sans contredit un des meilleurs moyens, mais on est obligé d'en restreindre l'emploi, car s'il s'agissait de dessécher une pièce de bœuf, l'opération ne pourrait être faite assez promptement, il y aurait altération partielle. Mais certains fruits pourront être desséchés à l'air libre, au soleil ou dans des fours.

Le sucre, l'alcool, le sel marin, sont des agents efficaces de conservation, à cause de leur grande affinité pour l'eau.

A l'aide des méthodes de Sweeny et d'Appert on conserve les substances à l'abri de l'air. Sweeny fait bouillir l'eau, y introduit la viande et de la limaille de fer et verse une couche d'huile, afin d'empêcher l'entrée de l'air, qui du reste serait absorbé par la limaille de fer. Appert emploie des vases dont on soude le couvercle, ou des bouteilles bien bouchées, que l'on expose dans de l'eau salée, à une température un peu supérieure à 100°. Les haricots, les pois, la viande ont été trouvés dans une parfaite conservation au bout de 20 ans.

M. Masson dessèche les substances alimentaires végétales dans des étuves à 35°, et les réduit ensuite à un petit volume à l'aide de la presse hydraulique. Ces légumes ainsi préparés sont expédiés en tablettes enveloppées d'une feuille d'étain. Le volume en est peu considérable et le transport facile, puisqu'un mètre cube de ces tablettes représente 20,000 rations. On conçoit l'avantage d'un procédé qui permet d'embarquer des provisions pour une longue traversée sans encombrer un navire, et ce qui n'est pas sans importance, c'est la bonne qualité de ces aliments même après un embarquement de quatre années.

Pour conserver à la viande ses propriétés primitives, on conseille d'en plonger des morceaux d'un poids peu considérable, 100 gr. au plus, dans de l'eau en pleine ébullition, de les retirer au bout de quelques minutes, et de les disposer au-dessus d'un treillis dans un étuve chauffée à 50°. Après deux jours de dessiccation, on les trempe dans la gelée chaude, obtenue par évaporation de l'eau précédemment employée, puis on les porte de nouveau à l'étuve où ils achèvent de se déssécher. Cette viande ainsi recouverte d'une couche de gélatine, se conserve bien dans un lieu sec, et redevient par la cuisson presqu'aussi savoureuse qu'à l'état de fraîcheur.

Conservation des cadavres. — Les peuples de l'antiquité, qui avaient en sainte vénération les restes de leurs pères, s'ingénièrent de bonne heure à trouver les moyens de conservation des corps, et l'art des embaumements parvint en Egypte à un grand degré de perfection. Deux procédés étaient en usage selon le rang qu'occupait la personne.

Le plus simple, le moins dispendieux, consistait à injecter dans la cavité abdominale une liqueur caustique, qui dissolvait les intestins, et à tenir le corps plongé pendant 70 jours dans une solution saturée de *natron;* puis le cadavre était vidé, lavé avec soin et séché. On lui faisait ensuite subir ordinairement une immersion dans de l'asphalte fondu, malgré l'aspect peu agréable qui en résultait. Le second procédé demandait plus de précautions. On introduisait de l'asphalte et des aromates dans le cadavre préalablement vidé et lavé avec du vin de palmier, on le recouvrait de natron, et au bout de 70 jours, on procédait à un nouveau lavage et à la dessiccation. On enveloppait ensuite le corps de bandelettes de toile de lin imprégnées de résine, et on y distribuait des hiéroglyphes.

On cite des cadavres qui se sont momifiés à l'air libre dans certaines grottes calcaires. En 1831, des Anglais, visitant la carrière de calcaire tendre de la montagne St.-Pierre, près de Maëstricht, trouvèrent, au fond d'une ancienne galerie, un cadavre dans un parfait état de conservation. Ce phénomène a droit de surprendre quand on considère l'extrême mobilité des matériaux qui composent notre être. Est-il dû à la température, à la porosité du sol, à sa constitution chimique, à la sécheresse de l'air? Les faits de ce genre ne sont pas rares, les charniers des cordeliers et des jacobins de Toulouse, l'église de St.-Michon à Dublin, possèdent aussi la propriété de dessécher et de conserver les cadavres.

Quelques mots sur les substances appelées antiseptiques, puis nous dirons comment on les emploie. On conseille l'acide arsénieux, les chlorures sodique, calcique, barytique, zincique, mercurique, les sels d'alumine, de fer, de cuivre, les aromates, l'alcool, l'essence de térébenthine, la créosote, les huiles empyreumatiques. Ces substances forment des combinaisons plus stables avec la matière animale, coagulent les liquides, contractent les tissus, enlèvent l'eau, et facilitent ainsi la dessication.

Pour préserver un cadavre de la putréfaction, on recommande les injections avec une solution alcoolique de sublimé. Quelquefois, après avoir enlevé les viscères on le plonge dans la dissolution, et l'on pratique des incisions afin de faire pénétrer partout le liquide.

M. Gannal injecte dans la carotide gauche, 5 à 6 litres d'acétate ou de sulfate d'alumine.

M. Falcony préconise le sulfate de zinc qui conserve au corps toute sa souplesse pendant 40 jours, au bout desquels la dessiccation commence.

M. Sucquet préfère le sulfite de soude qu'il injecte dans les veines, et baigne ensuite le cadavre dans du chlorure de zinc.

Bien avant lui M. Robin, qui s'est beaucoup occupé de cette question, avait proposé l'emploi de l'hyposulfite de zinc. D'après lui les composés volatils hydrocarbonés, ou formés essentiellement de carbone et d'hydrogène, sont des antiseptiques. Il cite avantageusement le naphte, l'huile de goudron de houille brute ou rectifiée, l'huile de schiste, la benzine, la naphtaline, l'essence de caoutchouc, l'huile d'esprit de bois, l'alcool amylique, l'éther, les éthers acétique et iodhydrique, l'essence d'amandes amères. A côté de ces substances viennent se ranger au même titre les composés formés en totalité ou en partie de carbone et d'un métalloïde autre que l'hydrogène, le sulfide carbonique, le chloride carbonique, le cyanide hydrique, le chloroforme, la liqueur des hollandais. Les vapeurs de tous ces corps sont douées des mêmes propriétés. Mais il est un choix à faire lorsque l'on désire qu'avec la forme, le volume, la consistance, la matière garde autant que possible sa couleur naturelle. Le chloroforme, l'huile de houille rectifiée, remplissent complétement ce but. Toutefois, vu la modicité du prix, on préférera, avec M. Robin, l'huile de houille rectifiée.

Considérations théoriques.

Quelques physiologistes considèrent la putréfaction comme l'effet du développement d'animalcules microscopiques. Mais ces êtres vivants sont soumis aux mêmes lois que ceux qui occupent le haut de l'échelle, et, dès que la vie a cessé de les animer, leurs éléments passent par les mêmes phases que les êtres qui les ont précédés. L'animalcule microscopique se décompose, se putréfie, et disparaît tout aussi bien que l'animal sur lequel il a pris naissance. On est donc conduit à se demander la cause qui détermine la putréfaction de l'animalcule. Il est difficile de sortir de ce cercle, et le problème reste ce qu'il était auparavant. On ne peut nier l'influence de ces êtres microscopiques sur les progrès et la rapidité de la décomposition. Mais, leur attribuer le pouvoir de la déterminer, c'est prendre l'effet pour la cause.

L'appui le plus grand que puissent posséder les partisans de cette théorie, se trouve dans les expériences de MM. Helmholtz, Mitscherlich, Schröder et de Dusch. Que la chaleur détruise les œufs d'infusoires, les graines de moisissures, que le papier, le coton cardé les arrêtent, nous l'accordons. Nous ne citerons même pas les résultats négatifs qu'ont obtenu MM. Doepping et Struve en répétant les expériences de M. Helmholtz. Notre réfutation sera empruntée aux travaux mêmes de MM. Schröder et de Dusch, qui, il faut le dire, tout au contraire de M. Helmholtz, n'ont pas voulu tirer de conclusion des faits curieux qu'ils annonçaient.

Ces chimistes, ainsi que nous l'avons déjà rapporté, ayant chauffé de la viande sans y ajouter d'eau, virent, malgré la filtration de l'air sur le coton cardé, la putréfaction s'établir au bout de peu de temps, et constatèrent l'absence complète d'infusoires.

Cette théorie fut appliquée à tous les cas possibles de fermentation ; ce n'est pas sortir de notre sujet que de la chercher sur un autre terrain, puisque nous pouvons y trouver d'autres preuves de sa valeur scientifique. Ainsi, le dédoublement de la molécule sucre en alcool et en acide carbonique aurait sa cause dans le développement de végétaux du dernier ordre, de véritables champignons. Pour être conséquent, il faut admettre ou que l'alcool et l'acide carbonique sont des produits excrémentitiels de ces végétaux, ou que la force vitale de ceux-ci, par son expansion vers l'extérieur, modifie l'affinité chimique des molécules organiques, et change l'attraction de leurs éléments. Sans nous arrêter à discuter ces deux hypothèses, qu'il nous suffise de dire que la caséine transforme le sucre en alcool et en acide carbonique, sans que l'on remarque trace de sporules de quelque nature que ce soit.

Plusieurs chimistes regardent la fermentation comme le

résultat d'actions mécaniques. Les phénomènes qui la caractérisent seraient dus à la présence de certains principes appelés ferments, dont le mouvement de décomposition se communiquerait à toute la masse, de molécule à molécule. Lorsque l'on traite du chlorate potassique et de l'iode par une goutte d'acide nitrique, celui-ci met en liberté une quantité équivalente d'acide chlorique que l'iode décompose en s'emparant de son oxygène; cet acide iodique formé réagit à son tour sur une nouvelle quantité de chlorate potassique, déplace un équivalent d'acide chlorique qui est encore décomposé par de l'iode, et ainsi de suite, la réaction se continue de molécule à molécule. De même le ferment, en voie de décomposition, transmettrait son ébranlement aux molécules voisines, et le propagerait au corps organisé tout entier.

Mais comment expliquer l'altération putride que subit le ferment? D'où tire-t-elle son origine?

D'autres auteurs, s'appuyant sur la décomposition de l'eau oxygénée par le suroxyde manganique, considèrent cette action des ferments comme une action de présence, une action catalytique, ce qui complique encore la question d'une autre obscurité.

Ainsi notre ignorance sur la nature de la putréfaction est complète, et le phénomène reste toujours mystérieux.

Vu, bon à imprimer;
Le Président de la Thèse,
OPPERMANN.

Permis d'imprimer,
Le Recteur,
RINN.

www.ingramcontent.com/pod-product-compliance
Lightning Source LLC
LaVergne TN
LVHW012015160826
845678LV00002B/847